U0351586

教育部中国教育科学研究院
基础教育课程研究中心审定推荐

少儿财智启蒙

财智三字经

李树翔 著　鞠萍 配音

教育科学出版社
·北京·

出 版 人　所广一
责任编辑　孔明丽
责任美编　刘玉丽　王四海
插图绘制　贝才文化
责任校对　贾静芳
责任印制　曲凤玲

图书在版编目（CIP）数据

少儿财智启蒙：财智三字经／李树翔著．—北京：教育科学出版社，2013.8
ISBN 978－7－5041－7770－4

Ⅰ.①少…　Ⅱ.①李…　Ⅲ.①家族管理—财务管理—少儿读物　Ⅳ.①TS976.15－49

中国版本图书馆CIP数据核字（2013）第139488号

少儿财智启蒙：财智三字经
SHAOER CAIZHI QIMENG：CAIZHI SANZIJING

出版发行	教育科学出版社		
社　址	北京·朝阳区安慧北里安园甲9号	市场部电话	010－64989009
邮　编	100101	编辑部电话	010－64981321
传　真	010－64891796	网　址	http://www.esph.com.cn
经　销	各地新华书店		
制　作	北京金奥都图文制作中心		
印　刷	北京中科印刷有限公司		
开　本	210毫米×260毫米　16开	版　次	2013年8月第1版
印　张	10.75	印　次	2013年8月第1次印刷
字　数	100千	定　价	39.00元

如有印装质量问题，请到所购图书销售部门联系调换。

财经时代：

○ 犹太人从小理财富甲天下，洛克菲勒家族追踪孩子用钱计划富过六代。

○ 中国人有教育穷孩子的经验，但缺乏教育富孩子的经验。

○ 树立正确的理财观念，养成良好的理财习惯，形成一定的理财能力，关乎孩子一生的幸福。

● 《财智三字经》以朗朗上口的三字经形式，把理财能力与身心成长结合起来，引导和培养孩子节流有度、开源有道、聚财养德、驭财启智。

目录

Contents

第一单元　早学财

2 人之初　赤双拳　贫与富　皆因缘
3 家徒壁　度日艰　心智明　富随现
家富贵　纵万千　非财器　不能传
9 财时代　不离钱　无财力　行路难
10 幼儿小　性易变　学财智　种福田
少不立　渐劣顽　财难聚　游手闲
11 意志丧　债务缠　啃老族　苦难言
更可悲　穷走险　富无道　前程断
12 财若果　挂枝满　树早栽　不能晚
早早学　养习惯　一生福　握手间

金门钉的故事  4

寒号鸟的故事 13

Contents

第二单元　广识财

18 小钱币　从古传　因等价　可交换

大与小　贵与贱　多与少　皆体现

19 人民币　和美元　国与国　币流转

元角分　十百千　可积累　能换算

20 任一币　放眼前　非印铸　意深远

21 母辛苦　父血汗　劳动得　勤奋攒

费脑力　苦钻研　忙工作　分分赚

26 知感恩　晓财源　懂付出　不轻钱

有钱财　不慌乱　仓粮足　心才安

27 富有余　饰庄严　助贫困　寒冬暖

陶朱公　知聚散　财又来　圣名远

28 水行舟　也覆船　好与坏　双刃剑

33 若唯利　钻钱眼　为财奴　堕贪婪

晋石崇　富狂乱　争斗豪　邪命陷

妈妈的雪糕 22

富翁落水 29

Contents

34 少儿强 识财全 能抉择 财至善

钱工具 助善缘 利自他 受称赞

第三单元　铸财器

36 无厚非 财富愿 但莫急 先求钱

要造器 再盛钱 器不具 都枉然

37 穷难富 器不全 富难贵 器不端

富难承 器不严 造好器 载大千

38 财字巧 贝才连 贝能得 唯才伴

才依道 道依天 天酬勤 精与专

39 财之器 铸由三 好心态 好习惯

好方法 勿缺陷 早养成 容财源

46 好心态 行为端 若失衡 人格偏

道德心 责任担 讲诚信 不欺骗

47 阳光心 不见暗 好坏事 积极看

48 平常心 戒骄烦 得与失 皆随缘

三兄弟的故事 40

Contents

49 好习惯 勤与俭 自己事 自己干

50 善习增 陋习减 朝夕做 能量潜

喜悦为 苦变甜 前程锦 惯性牵

51 好方法 打理钱 多与少 要分三

一零储 为眼前 小计划 应急便

52 二定投 望长远 智慧投 钱生钱

53 三爱心 积善款 乐助人 天地宽

61 如是铸 器习惯 切实行 不敷衍

机巧利 属偶然 真实利 靠必然

62 具三好 财器坚 富而贵 福绵延

希恩分粮 54

第四单元　惜财德

64 败因奢 富由俭 古来训 最灵验

昔诸葛 教子瞻 俭养德 静思远

65 多富家 疏教严 纵骄奢 福祸转

子立志 不娇惯 懂孝爱 惜血汗

66 小玩具 趣无边 若损坏 可修缮
67 合身衣 最美观 爱惜穿 不挑拣
68 家常饭 五味全 欢喜吃 身体健
69 学用具 知识传 非质贵 学无难
70 闲置物 可交换 集废品 再卖钱
71 恶游戏 似鸦片 耗财命 不迷恋
72 勿酗酒 烟不沾 心无痒 乐陶然
73 远陋习 避隐患 器不漏 钱财安
74 精打算 零用钱 若有余 计划攒
75 喜爱物 买前缓 激励己 设期限
80 善储用 压岁钱 回敬礼 积丰年
81 配利器 储钱罐 学记账 不间断
82 常当家 三餐饭 精打算 油米盐
83 看广告 知宣传 心不动 有主见
84 所购物 货比三 质量好 价格廉
85 拒虚荣 不比攀 量入出 最心安
86 需要的 多盘算 想要的 忌痴贪

狮王的成长 76

滑落的直升机 87

Contents

94 日日行 月月攒 年年余 岁岁宽

95 能知足 就美满 不知足 欲难填

96 物尽用 惜资源 福不尽 财不断

第五单元　开财源

98 幼潜力 具无限 家贫富 无有关

坐享成 失磨炼 小自立 能行远

99 天有形 框方圆 依财器 开财源

100 未成年 学阶段 勿刻意 挣大钱

好心态 好习惯 好方法 器多炼

101 有责任 知苦甘 家务事 多分担

生为人 要奉献 不甘后 激情满

102 爱学习 尊师传 有知识 资本添

103 力所能 勤工俭 喜劳动 有钱赚

104 寻需求 帮解难 知需求 随处钱

109 学礼仪 行规范 举止雅 金镶钻

用爱买房 105

Contents

110 勿偷盗 不欺骗 诚守法 信聚钱
111 念他恩 德报怨 人气和 财气宽
112 当勤奋 贵精专 会创新 黄金变
117 巧计算 知节俭 用有度 如奖钱
118 少许钱 也分三 坚持做 不一般
吃用玩 礼当念 衡尺度 余存转
119 定投资 分激缓 或经营 钱生钱
先模拟 后实战 量力行 用心选
120 购基金 买证券 淘宝藏 投保险
贵金属 不动产 激进丰 缓稳健
125 或工商 小科研 辟蹊径 巧生钱
126 善规划 用保险 少胜多 防灾患
130 年三千 利十三 四十年 三百万
131 有爱心 乐善捐 心怀慈 福寿延
舍能得 理当然 多分享 桃李还
136 一滴水 易枯干 融大海 碧连天
137 有计划 不散乱 写梦想 定实现

较真儿的发明 113

猴子的福地 121

噩梦与金子 127

侍者的命运 132

Contents

138 遇挫折 想周全 找借口 自欺骗

不骄躁 喜磨难 视淬火 真金炼

139 有钱时 视无钱 谦慎行 富不炫

无钱时 心有钱 财器铸 不缺钱

146 不妒富 知因缘 不讥贫 敬爱怜

贫有长 富有短 相帮扶 互成全

147 财如衣 身外穿 心中富 不破产

148 亲情贵 家平安 快乐心 金不换

149 人与人 心手牵 我为你 世界变

154 财启蒙 驾驭钱 利避害 成长伴

155 善文化 铸金钱 真富贵 代代传

过年奇遇 140

天堂与地狱 150

水里的秘密 156

第一单元

早学财

rén zhī chū　chì shuāng quán　pín yǔ fù　jiē yīn yuán

人之初　赤双拳　贫与富　皆因缘

每个人出生时，都是赤手空拳来到人世间的。贫与富，是由自己的机会和缘分决定的。

jiā tú bì　dù rì jiān　xīn zhì míng　fù suí xiàn

家徒壁　度日艰　心智明　富随现

jiā fù guì　zòng wàn qiān　fēi cái qì　bù néng chuán

家富贵　纵万千　非财器　不能传

哪怕家里一无所有，生活艰难，但如果自己心智清明，知道该做什么不该做什么，财富就会随时降临；相反，即使家里再富有，纵有千万资产，如果不具备管理财富的能力，也是不能传承这些财富的。

故事

金门钉的故事

从前，江南有一位姓丁的老财主，他非常有钱，但仍然生活朴素，勤俭持家。老财主一生积下万贯家业，只希望在自己死后留给后代，让子子孙孙都能过上富足的生活。可儿子非常不争气，好吃懒做，喜欢赌钱。老财主给他钱让他去集市买稻谷种子，他却用钱下馆子；老财主让他送菜籽去油坊榨油，结果他把菜籽卖了去赌钱。

丁老财主多病，眼看自己的时日已不多，就想出一个办法，将家里的贵重物品悄悄变卖成金子，并让人做成金条镶嵌在自家房屋的屋梁上、门窗框里。

没过多久，老财主病危，把儿子叫到床前，指着床头的一包银钱说：“儿啊，爹这辈子也没留下多少钱，就只有这些碎银子了，你可要省着点儿花呀。这些钱要是花没了，你就把门钉拔掉一个，卖给银匠铺。记住，一次只准卖一个，千万不能多卖啊！”

老财主认为这样就可以把自己的家业传承下去，让儿子能够慢慢享用了。不幸的是，丁老财主死后不到半年，儿子就把那包银钱以及家里值钱的东西都吃喝玩乐糟蹋光了。有一天，他突然想起老财主临终前说的话。可他认为拔一根门钉拿到银匠铺去卖，很丢人也很荒唐。于是，他就把一扇门摘下来，卖给了木匠铺，换回几块铜板，就忙着去打酒喝了。因为自己不劳而获、花钱如流水的习惯，没过多长时间，他家老宅子凡是能拆的，都卖给木匠铺了。

最后，他因为赌钱输红了眼，把整栋宅子一次性地抵押出去，谁知他的手气实在太差了，一夜就输个精光。可怜老财主最后的心愿落空了，儿子并没有慢慢享用自己留下来的丰厚家产，仅仅一年多就无家可归、流浪街头了。

cái shí dài bù lí qián wú cái lì xíng lù nán

财时代 不离钱 无财力 行路难

如今我们处在一个经济时代，生活中处处都离不开钱，如果没有钱我们就会寸步难行。

yòu ér xiǎo　xìng yì biàn　xué cái zhì　zhòng fú tián

幼儿小　性易变　学财智　种福田

shào bú lì　jiàn liè wán　cái nán jù　yóu shǒu xián

少不立　渐劣顽　财难聚　游手闲

人小的时候性格品质比较容易改变，这个时候就应该开始学习理财的智慧，就像在幸福的田地里播下种子。但是如果从小不能培养自立精神，长大后就会变得性情顽劣且不好改变，这样不仅很难聚积财富，而且容易成为游手好闲的人。

yì zhì sàng　zhài wù chán　kěn lǎo zú　kǔ nán yán

意志丧　债务缠　啃老族　苦难言

gèng kě bēi　qióng zǒu xiǎn　fù wú dào　qián chéng duàn

更可悲　穷走险　富无道　前程断

我除了吃奶，找不到别的吃的东西了……

我没奶水啦，被你吸得好痛啊！

这种劣顽之人会因为性情颓废，丧失志趣，甚至债务缠身，而成为“啃老族”，苦不堪言！更可悲的是，有的人人穷志短，走上冒险、犯罪的道路；有的人一时获得财富却不走正道，以致招来灾祸，断送了自己的美好前程。

cái ruò guǒ　guà zhī mǎn　shù zǎo zāi　bù néng wǎn
财若果　挂枝满　树早栽　不能晚

zǎo zǎo xué　yǎng xí guàn　yì shēng fú　wò shǒu jiān
早早学　养习惯　一生福　握手间

财富如同果实，要想挂满枝头，就必须及早栽培果树，不能耽误。让孩子尽早学习理财的智慧，培养良好习惯，开启幸福大门的钥匙就会紧紧地握在自己的手中。

寒号鸟的故事

传说有一种声音很好听的鸟叫寒号鸟，它的翅膀和羽毛非常漂亮却不能飞行，只能行走攀爬。秋天来了，候鸟们开始飞往温暖的南方过冬，而飞不了那么远的鸟儿们则努力劳作，搭建过冬的窝巢，准备越冬的粮食。

只有寒号鸟没有什么本领，整日东游西逛，无所事事。它到处卖弄自己的羽毛和嗓子，看到别人辛勤劳动，反而嘲笑不已。好心的鸟儿提醒它说：“快垒个窝吧！不然冬天来了你怎么过啊！”

寒号鸟轻蔑地说：“冬天还早呢，着什么急！趁着大好时光，尽情地玩吧！”

冬天一眨眼就到了，凛冽的北风开始呼啸。勤劳的鸟儿们夜晚躲在自己暖和的窝里休息，饿了就吃秋天存下的粮食。而寒号鸟却在寒风里冻得瑟瑟发抖，哀声唱道：“冻哆嗦冻哆嗦，不能受折磨，明天开始垒窝窝……”

好不容易挨过了寒冷的夜晚，太阳出来了，温暖的阳光洒在寒号鸟美丽的羽毛上，它的周身开始暖和起来。沐浴在阳光中，寒号鸟好不得意，完全忘记了昨夜的痛苦，又快乐地歌唱起来。

就这样，日复一日，寒号鸟一直没有垒它的窝，最终没能挨过漫长的冬天，在一场暴风雪过后被活活地冻死了。

第二单元

广 识 财

xiǎo qián bì　cóng gǔ chuán　yīn děng jià　kě jiāo huàn

小钱币　从古传　因等价　可交换

dà yǔ xiǎo　guì yǔ jiàn　duō yǔ shǎo　jiē tǐ xiàn

大与小　贵与贱　多与少　皆体现

小小的钱币是从古代流传下来的，它能衡量不同的价值，人们可以用它来进行商品交换；同时，商品的大与小、贵与贱、多与少，都能通过它体现出来。

rén mín bì hé měi yuán guó yǔ guó bì liú zhuǎn

人民币 和美元 国与国 币流转

yuán jiǎo fēn shí bǎi qiān kě jī lěi néng huàn suàn

元角分 十百千 可积累 能换算

中国的人民币与美国的美元或者其他国家的钱币，能进行相对自由的流通和兑换。人民币中的元、角、分，十、百、千，可以累积，也可以换算。

rèn yí bì　fàng yǎn qián　fēi yìn zhù　yì shēn yuǎn

任一币　放眼前　非印铸　意深远

不对，钱是从银行取款机里取出来的。
不对，钱是机器铸造的。
钱是印的。
那这些钱是怎么到我们家来的呢？

请任意拿出一张纸币或一枚硬币，放在自己的眼前。我们不能简单地把它看成印刷品或铸造品，它具有深远的意义。

mǔ xīn kǔ　fù xuè hàn　láo dòng dé　qín fèn zǎn

母辛苦　父血汗　劳动得　勤奋攒

fèi nǎo lì　kǔ zuān yán　máng gōng zuò　fēn fēn zhuàn

费脑力　苦钻研　忙工作　分分赚

这些钱都是靠妈妈的辛苦、爸爸的血汗赚来的。他们或是通过体力，或是利用脑力，刻苦钻研，忙碌工作，一分一分地赚取和积攒财富的。

故事

妈妈的雪糕

曦曦上的是寄宿学校。每个月末妈妈都会准时来送生活费，而且通常会多给一些。所以每到月底，曦曦就盼望着妈妈的到来，她不知道这些钱是怎么赚来的，只知道每个月的日历翻到最后几页的时候就有钱花了，而且从来没有间断过。

就这样，曦曦在学校里过着优越的小日子，吃穿不愁，还可以用剩下的钱去买自己喜欢的东西。慢慢地，曦曦花钱也越来越大手大脚，常常没到妈妈送钱的日子，她的生活费就已经所剩无几了。

终于又盼到了月末，曦曦却迟迟不见妈妈的身影，她等得心焦气躁，决定自己回家去找妈妈要生活费。路过集市，曦曦看到自己最爱吃的奶油雪糕，不假思索地用口袋里最后的5块钱买了一支，边走边吃。

忽然，前方一个熟悉的身影映入眼帘：酷热的阳光下，她流着汗用渴望的眼光盯着来往的路人——那是妈妈！妈妈推着雪糕车沿街叫卖，嘴唇干裂，声音沙哑。曦曦看着自己手中的雪糕，含在嘴里不知是什么滋味。没想到自己手中的钱是妈妈这样一点一点赚来的，这个月可能还没有挣够给自己的生活费吧……

zhī gǎn ēn　xiǎo cái yuán　dǒng fù chū　bù qīng qián

知感恩　晓财源　懂付出　不轻钱

yǒu qián cái　bù huāng luàn　cāng liáng zú　xīn cái ān

有钱财　不慌乱　仓粮足　心才安

作为孩子，要懂得感恩，知道钱财来之不易，千万不要轻视钱。有钱财，生活就不会慌乱，不缺衣少粮，心情才能安稳、踏实。

fù yǒu yú　shì zhuāng yán　zhù pín kùn　hán dōng nuǎn

富有余　饰庄严　助贫困　寒冬暖

táo zhū gōng　zhī jù sàn　cái yòu lái　shèng míng yuǎn

陶朱公　知聚散　财又来　圣名远

穷人的口袋才是更好的粮仓！

老爷，您把粮分了，咱们粮仓不就空了吗？

陶

自己富足有余，不仅可以生活体面，有尊严，还可以用钱资助贫困的人，让他们即使在寒冷的冬天也能感到温暖。春秋末期的陶朱公，也就是功成身退的楚国政治家范蠡，深知财富聚散的道理，把家财一次又一次地分给穷人，而更多的财富又很快地聚集到他那里。因此，他被人们尊称为“商圣”，名传千古。

shuǐ xíng zhōu　yě fù chuán　hǎo yǔ huài　shuāng rèn jiàn

水行舟　也覆船　好与坏　双刃剑

河水可以让船行走，也可能让船沉没。大概一切事物都有好坏两面性，如同一把两面刀刃都很锋利的剑，在刺伤敌人的同时也可能割伤自己。

故事

富翁落水

从前有个带着一袋金子出门做生意的富翁，在河边不慎失足落水。恰巧有两个渔民正在附近捕鱼，远远地听到有人呼喊，于是赶忙划船过去相救。可是富翁落水的地方水流十分湍急，小渔船摇摇晃晃始终难以接近。

富翁感觉自己情况的不妙，于是大喊：“快救我，谁把我救上去我给他十两金子！”两个渔民听到富翁的话，争相拼命地划，由于他们的节奏不协调，渔船便在水中原地打转。

富翁又喊：“再快点呀，我给你们二十两！”两个渔民更用力了，可惜渔船还是在原地打转。“一百两，我给你们一百两！你们用力呀！”富翁的声音显得有些绝望。

富翁愿赏一百两金子的声音传来，水里转圈的小船反倒停了下来。因为两个渔民听到如此多的金子，都起了贪心，想将金子据为己有，竟然在船上厮打起来。

正当两个渔民为争一百两金子而厮打时，一股急流掀起巨浪翻卷过来，富翁终于支撑不住了，带着他满袋子的金子慢慢地沉入了水中。

ruò wéi lì　zuān qián yǎn　wéi cái nú　duò tān lán

若唯利　钻钱眼　为财奴　堕贪婪

jìn shí chóng　fù kuáng luàn　zhēng dòu háo　xié mìng xiàn

晋石崇　富狂乱　争斗豪　邪命陷

如果唯利是图，钻进钱眼里，就会沦为金钱的奴隶，堕进贪婪的泥坑里。晋朝有个叫石崇的人，富可敌国，这使他非常疯狂，经常与他人争富斗豪，如同中邪一样，也因此遭到他人忌妒和陷害，最终丢掉了性命。

shào ér qiáng　shí cái quán　néng jué zé　cái zhì shàn
少儿强　识财全　能抉择　财至善
qián gōng jù　zhù shàn yuán　lì zì tā　shòu chēng zàn
钱工具　助善缘　利自他　受称赞

拿着放大镜，
善恶能看清！

优秀而自立自强的孩子不仅能全面地认识财富，而且懂得如何管理，使自己的财富使用达到完美的效果。用金钱这个工具，辅助和促成对自己和他人都有利的美好事业，必将受到人们的称赞。

第三单元

铸 财 器

wú hòu fēi　cái fù yuàn　dàn mò jí　xiān qiú qián

无厚非　财富愿　但莫急　先求钱

yào zào qì　zài chéng qián　qì bú jù　dōu wǎng rán

要造器　再盛钱　器不具　都枉然

一个人想拥有财富的愿望，是无可厚非的。但是先不要急着去赚钱。财富也像水一样需要适当的容器，如果不先打造这个盛钱的容器，一切努力都是白费的。

qióng nán fù　qì bù quán　fù nán guì　qì bù duān
穷难富　器不全　富难贵　器不端

fù nán chéng　qì bù yán　zào hǎo qì　zài dà qiān
富难承　器不严　造好器　载大千

穷人难成为富人是因为“财器”不具备或残缺不全；富人难成为贵人是因为“财器”不端正或有瑕疵污染；财富很难被子孙继承，“富不过三代”，是因为“财器”不严实，有漏洞。如果能把自己打造成好的“器皿”，不仅可以承载财富，还可以承载更多的东西。

cái zì qiǎo　bèi cái lián　bèi néng dé　wéi cái bàn

财字巧　贝才连　贝能得　唯才伴

cái yī dào　dào yī tiān　tiān chóu qín　jīng yǔ zhuān

才依道　道依天　天酬勤　精与专

中国汉字中的“财”字很巧妙，左边一个“贝”，右边一个“才”，并用“才”发音，从某种意义上形象地说明了财富的取得，要有才能相伴。才能又必须遵从事物的变化规律，以及天地自然运行的原理。天道酬勤，贵在是否精心和专注。

cái zhī qì　zhù yóu sān　hǎo xīn tài　hǎo xí guàn

财之器　铸由三　好心态　好习惯

hǎo fāng fǎ　wù quē xiàn　zǎo yǎng chéng　róng cái yuán

好方法　勿缺陷　早养成　容财源

铸造容纳财富的器具取决于好心态、好习惯和好方法，三者缺一不可。只有早早地学习和培养这三个方面，才是容纳财源的保证。

从前村子里有户人家，一位老母亲带着三兄弟一起生活。三兄弟各有特点，老大叫乐，是个乐天派，遇事想得开；老二叫成，做事很有韧劲，有条不紊；老三叫能，人称“小能人”，善于动脑子想办法。三兄弟在老母亲的带领下，种田大丰收，养猪肥又壮，干啥啥都行，村民们羡慕不已。

谁知有一年，年迈的老母亲不幸染重病过世，三兄弟伤心欲绝。在村民们的劝慰下，他们悲伤的心情才慢慢得以平复。没有了老母亲，三兄弟想分开单过，各凭自己的本事成家立业。打定主意后，他们便平分了家产。

三兄弟分家后都认为自己大显身手的时候到了。老大乐依然保持着过去积极乐观的态度，风不愁，雨不愁，灾害也不愁，总幻想着自己的庄稼大获丰收。老二成依然不辞劳苦地耕种劳作，日出而作，日落而息。但是在生了一场大病后，他开始怨天尤人、自暴自弃。而老三能自认为是小能人，一边种着庄稼一边跑去集市做买卖，结果使得庄稼地里杂草丛生，买卖也没做好。

土地公公目睹了这三兄弟的作为，看在眼里气在心里，气愤他们辜负了老母亲的心愿和教诲。他一吹胡子一跺脚，引起了大地震动，三兄弟的破房子都被震塌了，他们只好逃到一处开阔的空地，搭起一个简易的棚子，凑合着住到了一起。

一无所有的三兄弟开始相依为命。老大安慰和鼓励两个弟弟，没有过不去的火焰山，塞翁失马焉知非福。老二则带领大家养成了做事认真、凡事不拖拉的好习惯。而老三则引导两个哥哥开动脑筋，一起想办法种田和做买卖。没过多久，在三兄弟齐心协力之下，不仅庄稼大获丰收，做生意也赚了很多钱。

几年过后，三兄弟过上了比老母亲在世时还要好的日子，并且各自都娶了一位漂亮贤惠的妻子，成为方圆百里人尽皆知、受人称赞的大户人家。土地公公看到这些，会心地笑了：要想过上幸福、富足的生活，三兄弟的本领一个都不能少啊！

hǎo xīn tài　xíng wéi duān　ruò shī héng　rén gé piān

好心态　行为端　若失衡　人格偏

dào dé xīn　zé rèn dān　jiǎng chéng xìn　bù qī piàn

道德心　责任担　讲诚信　不欺骗

所谓“好心态”，就是坚持行为端正。心态若失衡，人格就会有偏差。要有道德心，勇于承担责任，诚实守信，不欺骗他人。

yáng guāng xīn bú jiàn àn hǎo huài shì jī jí kàn

阳光心 不见暗 好坏事 积极看

唉！怎么就剩半杯水了？

哈哈，还有半杯水！

要保持阳光心，就是要求我们对任何事物都不要只关注其阴暗面，而是要多看它光明的一面。无论遇到好事还是坏事，我们都要积极、乐观地看待。

píng cháng xīn jiè jiāo fán dé yǔ shī jiē suí yuán
平常心 戒骄烦 得与失 皆随缘

爷爷，糟了！
我种在花坛里的种子昨夜被大雨冲走了一大半。

用心不揪心，
得失要随缘啊。

还要保持平常心，千万不要顺心就骄傲，不顺心就烦躁。只要努力尽心了，无论是得是失，都要随缘任运。

hǎo xí guàn qín yǔ jiǎn zì jǐ shì zì jǐ gàn

好习惯 勤与俭 自己事 自己干

妈妈说永远爱我，
永远帮我洗衣服。

那妈妈老了
怎么办？

所谓“好习惯”，就是要勤奋、节俭，自己的事情自己干。

shàn xí zēng　lòu xí jiǎn　zhāo xī zuò　néng liàng qián

善习增　陋习减　朝夕做　能量潜

xǐ yuè wéi　kǔ biàn tián　qián chéng jǐn　guàn xìng qiān

喜悦为　苦变甜　前程锦　惯性牵

是得还是失？

是苦还是甜？

要使自己好的习惯天天增长，坏的习惯天天减少，每天只要坚持这样做，就能积累很大的能量。做事的时候要带着喜悦之心，开始可能感觉很苦，但时间长了就感觉到它的好处与甜美了。锦绣前程都是由好的习气和惯性带来的。

hǎo fāng fǎ　dǎ lǐ qián　duō yǔ shǎo　yào fēn sān
好方法　打理钱　多与少　要分三
yī líng chǔ　wèi yǎn qián　xiǎo jì huà　yìng jí biàn
一零储　为眼前　小计划　应急便

所谓“好方法”，就是无论你有多少钱，都要将其分为三份：一份做零用储备，为解决眼前问题或完成自己的一个小计划，方便应急使用。

èr dìng tóu　wàng cháng yuǎn　zhì huì tóu　qián shēng qián

二定投　望长远　智慧投　钱生钱

哈哈，长远不缺投资钱。

第二份为投资做储备。

第二份做定期定向投资，是为长远做准备的。拥有投资的眼光和智慧，能够让钱生钱。

sān ài xīn jī shàn kuǎn lè zhù rén tiān dì kuān

三爱心 积善款 乐助人 天地宽

第三份是为爱心而储备的，积聚善款，帮助别人。能帮助别人的人也一定能获得别人的帮助，这样路会越走越宽，天地也越来越广。

故事

希恩分粮

从前，有一个叫希恩的穷人在富人家里帮工多年。一天,富人把希恩叫到跟前说：“这些年你忠心耿耿、任劳任怨，辛苦你了！但是很抱歉，老家发生了一些变故，我不得不搬回去了。也没有什么好给你的，就把家里剩下的几十斗粮食全给你吧。不过，你一定要按我教的方法去做，将来你会明白的。”

穷人希恩非常感谢，也十分珍惜富人留给自己的粮食，更严格按照富人交代给他的方法去做。他把这几十斗粮食分成三份，第一份用于日常生活。

第二份做种子。希恩在村西的山坡上辛勤地开垦了一块荒地，播下种子后，他总是定时去田间锄草、施肥，呵护种子茁壮成长。

第三份粮食，希恩把它分给了村里不能工作的老人和残疾人。看着他们分到粮食后脸上露出的笑容，希恩体验到了从未有过的快乐与自豪。

到了秋天，庄稼成熟收割的时候，天空突然乌云密布，一场暴雨眼看着就要冲走希恩辛勤劳动的成果。这时，只见从四面八方跑来很多村民，争抢着帮希恩把收割完的稻谷运到安全的地方。他第一年种的庄稼获得了百余斗的好收成。此后，只要希恩有困难，总有人向他伸出援手。

希恩认真遵循着那位富人教给他的方法，每当有了收获，总是把收获的成果分成三份：一份日常自用，一份做种子，一份帮助他人。他生活得既安稳又开心，没过几年也成了当地非常富有的人。

成为富人后，希恩终于明白这种分粮方法就是那位富人之所以成为富人，并受人尊重的秘密。由此，他更加感激那位善良的富人。

rú shì zhù　qì xí guàn　qiè shí xíng　bù fū yǎn

如是铸　器习惯　切实行　不敷衍

jī qiǎo lì　shǔ ǒu rán　zhēn shí lì　kào bì rán

机巧利　属偶然　真实利　靠必然

像这样铸造财器，并把它当成一种习惯，切实执行，不要敷衍了事。要知道，投机取巧获得的利益纯属偶然，不会长久。长久真实的利益，是靠遵循事物发展的必然规律而获得的。

jù sān hǎo　cái qì jiān　fù ér guì　fú mián yán

具三好　财器坚　富而贵　福绵延

同时拥有好心态、好习惯、好方法，才能为容纳财富打造坚固的器皿，这样我们才能既富有又高贵，幸福也才会长久。

第四单元

惜 财 德

bài yīn shē　fù yóu jiǎn　gǔ lái xùn　zuì líng yàn
败因奢　富由俭　古来训　最灵验

xī zhū gě　jiào zǐ zhān　jiǎn yǎng dé　jìng sī yuǎn
昔诸葛　教子瞻　俭养德　静思远

“历数前贤国与家，成由勤俭败由奢。”这是古人的训诫，自古以来都十分灵验。昔日诸葛亮在留给自己孩子的家书中也曾讲到：君子应以勤俭来培养品德，以宁静来修身养性。人生如此，追求财富也是如此。

duō fù jiā shū jiào yán zòng jiāo shē fú huò zhuǎn
多富家 疏教严 纵骄奢 福祸转
zǐ lì zhì bù jiāo guàn dǒng xiào ài xī xuè hàn
子立志 不娇惯 懂孝爱 惜血汗

许多富裕家庭，在孩子如何对待财富方面，由于疏于引导和管教，放纵孩子养成骄横奢侈的劣习，原本的幸福反而在不知不觉中转化为灾祸。因此，家长应该让孩子从小立下长远的志向，不娇惯、纵容孩子，教育孩子孝顺父母并理解父母对自己的爱，珍惜父母的劳动付出。

xiǎo wán jù　qù wú biān　ruò sǔn huài　kě xiū shàn

小玩具　趣无边　若损坏　可修缮

爸爸快看，我给飞机安上鸟的翅膀啦！

小小的玩具有着无边无际的乐趣，即使损坏了，也不应立即把它扔掉，可以试着修理和改造它。这样不仅可以继续玩，还能锻炼自己的动手能力与想象能力。

hé shēn yī　zuì měi guān　ài xī chuān　bù tiāo jiǎn
合身衣　最美观　爱惜穿　不挑拣

有位伟人从小就十分爱惜自己的衣服：
☆穿衣服很小心，不弄脏、不弄破。
☆衣服脱下来叠平、放好、不乱扔。
☆衣服洗干净、晾干、压平。
☆衣服破了，缝补一下继续穿。
他就是周恩来总理。

原来周总理小时候就很节俭！

合身的衣服就是最美的衣服，应该十分爱惜，不要挑三拣四。

jiā cháng fàn　wǔ wèi quán　huān xǐ chī　shēn tǐ jiàn

家常饭 五味全 欢喜吃 身体健

路边的小吃，味道真怪。

还是家里的饭菜香。

家常饭五味俱全、营养丰富，我们要不挑食、不偏食，每餐都愉快地享用，这样对身体健康成长非常有利。

xué yòng jù　zhī shi chuán　fēi zhì guì　xué wú nán

学用具　知识传　非质贵　学无难

学习用品只是我们学习知识的辅助工具，并非使用质地越好、价钱越贵的学习用品，学习起来就越轻松。

xián zhì wù kě jiāo huàn jí fèi pǐn zài mài qián

闲置物 可交换 集废品 再卖钱

这本漫画书我看完了。能用它跟你换一支水彩笔吗？

正好我妈妈给我多买了一支。

如果有用不到的东西也不要随便丢弃，可以和别人交换，这样大家就各取所需，皆大欢喜。如果物品确实旧了、破了，不能再使用了，那就把它收集起来卖钱吧。

è yóu xì　sì yā piàn　hào cái mìng　bù mí liàn

恶游戏　似鸦片　耗财命　不迷恋

是我在玩你
还是你在玩我？

还是我们俩玩吧。

有的电子游戏中有许多商家设计的圈套和陷阱，就像鸦片一样会让人上瘾，既消耗金钱，又浪费时间和生命，危害很大，千万不要迷恋它。

wù xù jiǔ　yān bù zhān　xīn wú yǎng　lè táo rán

勿酗酒　烟不沾　心无痒　乐陶然

不要酗酒，也不要抽烟，没有瘾心里就不会痒。不沾染它们，自然就能保持快乐、舒畅的心情。

yuǎn lòu xí bì yǐn huàn qì bú lòu qián cái ān

远陋习 避隐患 器不漏 钱财安

水杯取水水不漏，
竹篮打水一场空。

远离陋习，避免它们给自己带来隐患，这样财器就不会有漏洞，才能保障财富的安全。

jīng dǎ suàn　líng yòng qián　ruò yǒu yú　jì huà zǎn

精打算　零用钱　若有余　计划攒

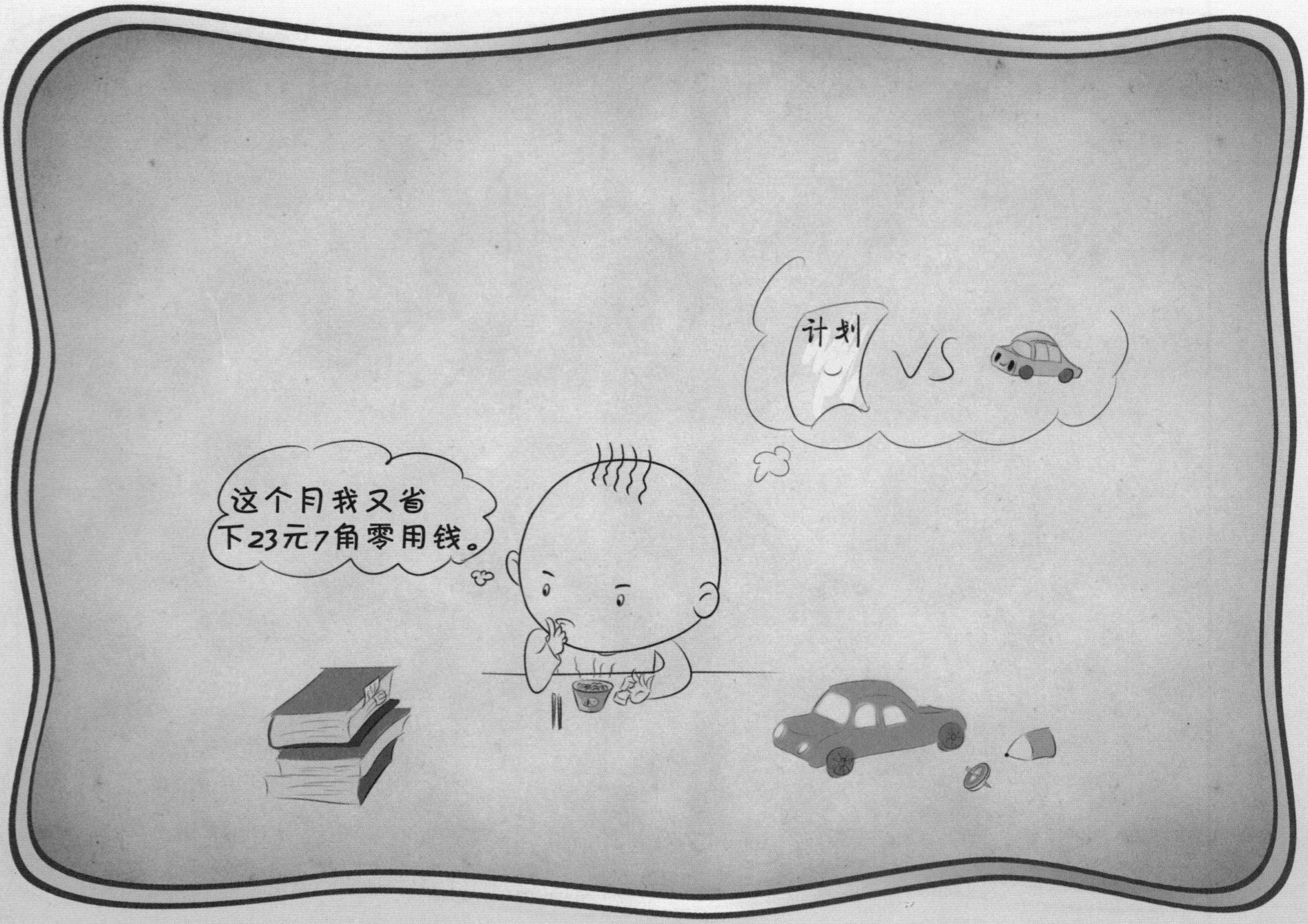

计划
VS

这个月我又省下23元7角零用钱。

对待自己的日常零用钱，要学会精打细算，珍惜使用。如果零用钱有剩余，要有计划地积攒起来。

xǐ ài wù mǎi qián huǎn jī lì jǐ shè qī xiàn

喜爱物 买前缓 激励己 设期限

看到自己喜爱的东西不要急着把它买下来，先缓一缓，最好能为它设定一个期限或学习目标来激励自己。

故事

狮王的成长

森林里有一只幼狮，因为逮不到猎物，每天只能以植物为食。一天，阳光明媚，饥饿的小狮子出来觅食，不远处一群羚羊正悠闲地逛着，幼狮饿得实在撑不住了，就向它们扑过去。羚羊们十分警觉，看到小狮子来袭就迅速逃离，小狮子扑了空。

看着同伴们每次出去都能带回新鲜的猎物，沮丧无比的小狮子就去找森林之王理论："上天为什么这么不公平？只有我这么可怜，连一只羚羊都抓不到。"森林之王听完小狮子的诉苦后，说道："我的孩子，羚羊的机敏和善跑是森林里出了名的，你的反应与奔跑能力必须在它之上才能抓住它。你平时设立过目标并实现它了吗？你追过兔子吗？"

听了森林之王的话，小狮子若有所悟，于是开始设定自己力所能及的目标。它先选择兔子做目标，等到能追上兔子之后，又选择了羚羊；能追上羚羊之后，又选择了狼……

小狮子在森林中不知疲倦地向自己设定的一个又一个目标奋力冲刺，体魄也越来越强健。一年之后，小狮子不仅能轻松地抓住羚羊，它的奔跑速度还超越了这片森林里其他所有的动物，包括猎豹。当然，也就不愁填不饱肚子了。由于敬畏这头年轻雄狮的威力，众兽推选它为新一代的森林之王。

shàn chǔ yòng yā suì qián huí jìng lǐ jī fēng nián
善储用 压岁钱 回敬礼 积丰年

怎样才能让礼物增值呢？
1.让快乐传递，买礼物送长辈；
2.让快乐持久，存起来；
3.让快乐放大，投资；
……

过年收到压岁钱是很开心的事，虽然可以由自己支配，但也不应该随便花在没有意义的地方，要善于存储利用，同时不要忘了买礼物以回敬长辈对自己的爱。

配利器 储钱罐 学记账 不间断

pèi lì qì chǔ qián guàn xué jì zhàng bú jiàn duàn

储钱罐是储蓄零钱的好工具，配备它很必要。另外，对收入和支出随时记账，不要间断，坚持下来就能清晰地看出自己一段时间内的理财情况。

cháng dāng jiā　sān cān fàn　jīng dǎ suàn　yóu mǐ yán

常当家　三餐饭　精打算　油米盐

作为孩子，也要学会自己当家做主，亲身体验家庭一日三餐等生活费用的支出，柴米油盐都要精打细算，锻炼自己勤俭持家的生活能力。

kàn guǎng gào　zhī xuān chuán　xīn bú dòng　yǒu zhǔ jiàn

看广告 知宣传 心不动 有主见

挥泪大甩卖

鲜牛奶每瓶500克，原价5元，现价1元，机不可失！

比矿泉水还便宜，不是要过期的就是掺水的。

报纸上、电视里、网上、手机里、大街上随处都有广告，要明白它们只不过是一种宣传手段，是否货真价实还需要仔细分辨，不要轻易动心，要学会购物有理智、有主见。

suǒ gòu wù　huò bǐ sān　zhì liàng hǎo　jià gé lián
所购物　货比三　质量好　价格廉

我想去A商场买那种180元的书包。

去B商场吧，厂家直销才120元，还是皮的。

买东西时，要货比三家，选择质量好且价格便宜的，这样就不容易上当吃亏。

jù xū róng bù bǐ pān liàng rù chū zuì xīn ān
拒虚荣 不比攀 量入出 最心安

要克制自己的虚荣心，不与别人攀比。买东西量入为出，才能心安理得。

xū yào de　duō pán suàn　xiǎng yào de　jì chī tān

需要的　多盘算　想要的　忌痴贪

人的购物欲望分为两种：一是“实欲”（需要的）；二是“虚欲”（想要的）。实际需要的东西，要多盘算如何买、买多少合适；想要的东西，切记不要痴迷、贪心，盲目购买。养成想要什么就买什么的坏习惯，被“虚欲”牵着鼻子走，会一辈子不自由，也会很痛苦的。

故事

滑落的直升机

佳佳过生日，收到了很多礼物，爸爸妈妈给佳佳包了一个大红包，但佳佳还是最喜欢奶奶托人给他买的那个遥控直升机。佳佳问奶奶怎么知道他做梦都想要直升机的，奶奶说："傻孙子，你床头贴的都是直升机呀！"妈妈在一边对佳佳说："再过20天就是奶奶的生日了，你一定也要为奶奶准备一个生日礼物哦！"佳佳使劲地点点头。

第二天，妈妈让佳佳从红包里拿出一部分钱来给奶奶买生日礼物，另一部分存起来作为他的成长基金，佳佳愉快地同意了。佳佳拿出其中的500元放在自己的口袋，苦思冥想该为奶奶买什么样的礼物。妈妈对他说：“奶奶有高血压，需要买个血压仪，以便经常观测。”佳佳立刻拍手赞同：“对！我就买这个！”

周末，佳佳带着直升机出去玩。在公园里他看到一个小朋友戴着一顶带风扇的太阳帽，看上去特别酷。他也想要一个，就在公园的商店里花了120元买了一顶。戴上帽子后，佳佳突然想起来钱已经不够给奶奶买420元的血压仪了，但转念一想，买300元那款的也行。可是，当看到别人都在买有卡通形象的杯子时，他又买了一个杯子；看到别人买沙拉套餐，自己也买了一套。十多天过去后，佳佳不知不觉买了许多东西，花了不少钱，500元只剩下130元了。

奶奶生日的前一天，佳佳慌慌张张地跑到药店，没想到自己盘算好的那款一百多元的血压仪已经卖完了。他又跑了好多家药店，都没有这个价位的血压仪了。佳佳非常失望，选来选去，最后给奶奶买了个痒痒挠。

奶奶生日那天，佳佳拿出痒痒挠送给奶奶。妈妈生气地看着他，奶奶却一把把佳佳搂在怀里，感动地说：“多孝顺的乖孙子呀！以后不用你爷爷给我挠痒痒了。”

奶奶生日过去后不久的一天，佳佳正在学校上课，爸爸突然到学校把他接到了医院，告诉他奶奶心脏病犯了。到了医院，佳佳没能与奶奶说上一句话，从此再也看不见奶奶慈祥的笑容了……爸爸妈妈对没能及时给奶奶量血压悔恨不已。而佳佳，每当路过那家卖血压仪的药店时，心总像被针扎了一样痛。

半年后，有一次佳佳在玩奶奶给他买的遥控直升机时，望着天空觉得好像奶奶在天上看着他。看着看着，他忘记了手里的遥控器，突然盘旋的直升机从天上径直摔落下来。佳佳慌忙跑过去，直升机已经摔坏了，佳佳的心也碎了：该买的东西没有买，却买了不该买的东西，这让他过早地失去了疼他爱他的奶奶……

rì rì xíng　yuè yuè zǎn　nián nián yú　suì suì kuān

日日行　月月攒　年年余　岁岁宽

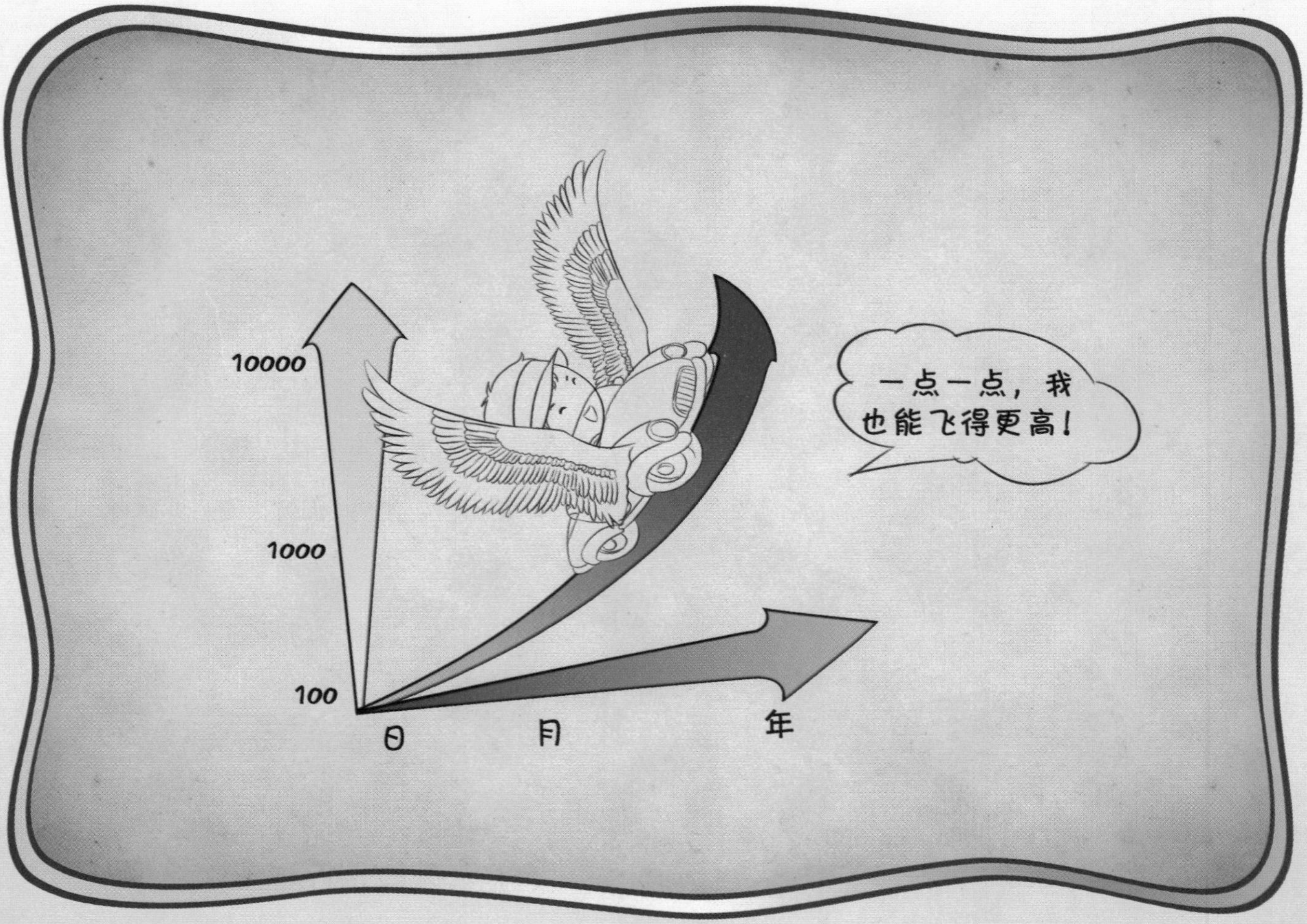

10000
1000
100
日　月　年

一点一点，我
也能飞得更高！

有计划、有目标，一天一天地努力行动，一月一月地积攒积累，就会年年有余、岁岁宽裕。

néng zhī zú jiù měi mǎn bù zhī zú yù nán tián

能知足 就美满 不知足 欲难填

人要学会知足。能知足，生活就会美满。不知足，欲望就如同深不见底的沟，是很难填满的。

wù jìn yòng　xī zī yuán　fú bú jìn　cái bú duàn

物尽用　惜资源　福不尽　财不断

不去控制，即使有再多的水，也是会流尽的。

各种有用的物品，我们都要尽量利用，要最大限度地发挥其使用价值。要珍惜公共资源和自己的资源，这样才能拥有无尽的福分和财富。

第五单元

开 财 源

yòu qián lì　jù wú xiàn　jiā pín fù　wú yǒu guān

幼潜力　具无限　家贫富　无有关

zuò xiǎng chéng　shī mó liàn　xiǎo zì lì　néng xíng yuǎn

坐享成　失磨炼　小自立　能行远

孩子的发展潜力是无可限量的，这与家庭的贫富无关。如果我们从小依赖父母，坐享其成，就会失去磨炼自己的机会；反之，如果从小学会独立，自己的事情自己做，就能走得更高、更远。

tiān yǒu xíng kuàng fāng yuán yī cái qì kāi cái yuán

天有形 框方圆 依财器 开财源

你透过什么形状看天，天就呈现什么形状。透过方框看天，天就是方的；透过圆框看天，天就是圆的。因此，你拥有什么样的财器，就决定你会获得什么样的财源。

wèi chéng nián　xué jiē duàn　wù kè yì　zhèng dà qián

未成年　学阶段　勿刻意　挣大钱

hǎo xīn tài　hǎo xí guàn　hǎo fāng fǎ　qì duō liàn

好心态　好习惯　好方法　器多炼

未成年的时候是最适合学习的阶段，这个时候不要刻意想着挣大钱，而是要通过好心态、好习惯和好方法努力培养自己，将自己铸造成“财器”，并在这方面多多下功夫。

yǒu zé rèn　zhī kǔ gān　jiā wù shì　duō fēn dān

有责任　知苦甘　家务事　多分担

shēng wéi rén　yào fèng xiàn　bù gān hòu　jī qíng mǎn

生为人　要奉献　不甘后　激情满

做人要有责任心，要知道长辈赚钱养家的辛苦，力所能及的家务事要多多替他们分担。作为人，要懂得奉献，不能甘于落后，要满怀激情，富有强烈的进取心。

ài xué xí　zūn shī chuán　yǒu zhī shi　zī běn tiān

爱学习　尊师传　有知识　资本添

热爱学习，尊敬老师和有学问、有经验的人，虚心接受他们传授的知识。只有拥有知识，才能为我们将来的发展增添资本。

lì suǒ néng　qín gōng jiǎn　xǐ láo dòng　yǒu qián zhuàn
力所能　勤工俭　喜劳动　有钱赚

在力所能及的范围之内，进行勤工俭学，对自己自立能力的形成非常有帮助。热爱劳动，自然就会有源源不断的收入。

xún xū qiú　bāng jiě nán　zhī xū qiú　suí chù qián

寻需求　帮解难　知需求　随处钱

可主动寻找或发现别人的需求，帮助他们解决所面临的困难或难题。只要我们能发现他人需求并满足他们的需求，那么随时随处都能赚到钱。

故事

用爱买房

从前有一位孤独的老人，他无儿无女又体弱多病。孤苦无依的他想把自己漂亮的老房子委托给拍卖公司进行拍卖，自己搬到了养老院生活。

老人那座带花园的房子底价要8万英镑，因为价格十分诱人，竞拍者越来越多，很快房子就被炒到了10万英镑。虽然看到自己的房子可以卖很多钱，老人依然满脸愁容，因为要不是健康状况不好，他才舍不得卖掉这座陪着他度过了大半辈子的老房子呢！

就在房子即将被出售的时候，一个衣着朴素甚至有些褴褛的年轻人来到老人跟前，弯下腰对老人说："先生，我很想买下您的房子，可是我只有1万英镑，但如果您能把房子卖给我，我保证会让您依旧生活在这里，每天我们可以一起喝茶、聊天、散步，让您快快乐乐地安度晚年。"

听了年轻人的话，老人眼睛一亮，微笑着拍拍年轻人的肩膀说：“好的！小伙子，我答应你！就把这座房子1万英镑卖给你了！”就这样，年轻人仅仅花了1万英镑就买到价值10万英镑的漂亮大房子。这个故事告诉我们，拥有一颗爱人之心，发现和满足他人需求，帮助别人排忧解难，则处处都会有黄金。

xué lǐ yí　xíng guī fàn　jǔ zhǐ yǎ　jīn xiāng zuàn

学礼仪 行规范 举止雅 金镶钻

要学习为人处世的礼仪，做事情遵守规范，举止优雅，这就如同在黄金上镶嵌了钻石，可以锦上添花。

wù tōu dào　bù qī piàn　chéng shǒu fǎ　xìn jù qián

勿偷盗 不欺骗 诚守法 信聚钱

不偷拿别人的东西，也不欺骗别人，要诚实守法，靠信誉获得人心，获得人心就能聚集钱财。

niàn tā ēn dé bào yuàn rén qì hé cái qì kuān

念他恩 德报怨 人气和 财气宽

要时刻不忘他人对自己的帮助和恩德，学会以德报怨，这样人际关系就会和谐、和睦，财气、财路自然也会宽广。

dāng qín fèn guì jīng zhuān huì chuàng xīn huáng jīn biàn
当勤奋 贵精专 会创新 黄金变

信息时代，人应当十分勤奋，这样才能广泛吸收信息，但更可贵的是精于专注，专注才会创新，就可以把矿石变成金子。

故事

较真儿的发明

德国科学家巴特劳特是一个爱较真儿的人，他特别喜欢中国北宋文人周敦颐的著名散文《爱莲说》。但他一直不明白，为什么莲花会“出淤泥而不染”呢？他对此较起真儿来。

为此，他特意做了个实验：先在莲叶上撒炭黑，再往莲叶上洒水。结果发现，炭黑随着水珠一同滚落，莲叶洁净如初。巴特劳特暗下决心：一定要揭开这一现象的秘密，并将这种功能应用到现实生活中！

他取来一些莲叶放到显微镜下观察，发现莲叶表面有许多山岳状的隆起，隆起上还包着一层薄薄的蜡膜，污渍只能停留在隆起的顶部，于是也就很容易地被水带走了。根据对此现象的观察和研究，他最终实现了自己的目标，发明了用于汽车和建筑物表面的“自洁薄膜”。

现在，这种“自洁薄膜”因为能使灰尘很容易被雨水冲刷掉，已经在我们的生活中被广泛应用。这种较真儿、专心钻研的精神，不仅给巴特劳特带来了巨大财富，还为社会创造了很大的价值。

qiǎo jì suàn zhī jié jiǎn yòng yǒu dù rú jiǎng qián

巧计算 知节俭 用有度 如奖钱

这些钱，明天你们去郊游时计划着用，有节余的话就给你当零用钱以做奖励。

谢谢妈妈！我一定节省，得奖金！

平时的花销要仔细计算，巧妙使用；知道节俭，花钱就会有度。这样节省下来的钱就会像奖励的钱一样令人骄傲、高兴。

shǎo xǔ qián　yě fēn sān　jiān chí zuò　bú yì bān

少许钱　也分三　坚持做　不一般

chī yòng wán　lǐ dāng niàn　héng chǐ dù　yú cún zhuǎn

吃用玩　礼当念　衡尺度　余存转

即使你的钱很少，也要像前边所说的那样分成三份使用，并坚持这样做，你的将来肯定会很不一般的。在吃、用、玩时，要时刻牢记道德的尺度和底线，即使钱多，也不能浪费，一时花不完，还要考虑存起来，以备他用。

dìng tóu zī　fēn jī huǎn　huò jīng yíng　qián shēng qián
定投资　分激缓　或经营　钱生钱
xiān mó nǐ　hòu shí zhàn　liàng lì xíng　yòng xīn xuǎn
先模拟　后实战　量力行　用心选

可以做定期投资，投资又分激进、稳健两种。或者也可用来经营，使钱生钱。理财要讲究策略，可以先模拟，然后再进行实践操作。同时要量力而行，用心挑选适合自己的投资方式。

gòu jī jīn　mǎi zhèng quàn　táo bǎo zàng　tóu bǎo xiǎn
购基金　买证券　淘宝藏　投保险
guì jīn shǔ　bú dòng chǎn　jī jìn fēng　huǎn wěn jiàn
贵金属　不动产　激进丰　缓稳健

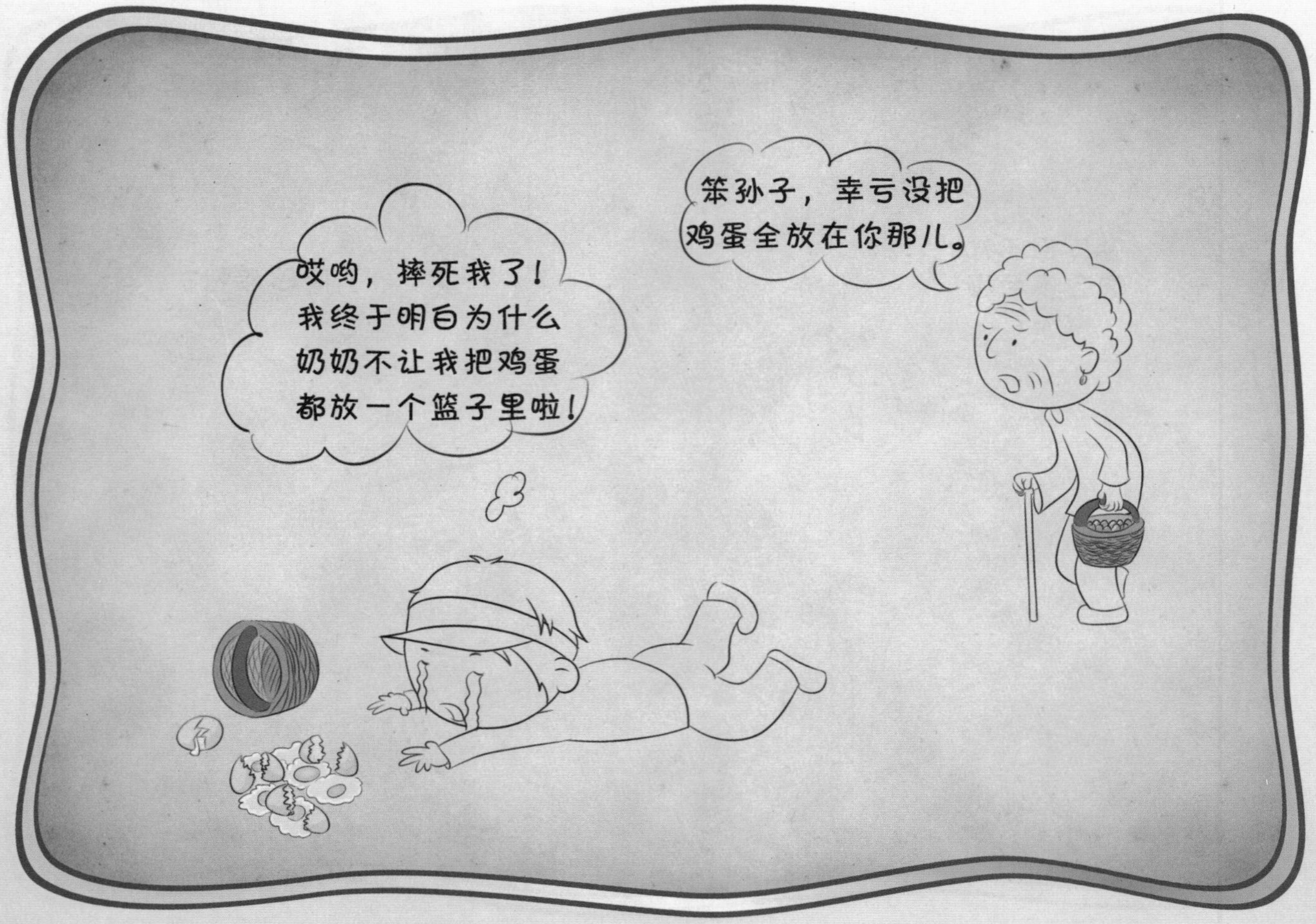

也可以购买基金或者证券，收藏古董珍宝，购买保险，投资黄金、白银等贵金属，还可以购买住宅之类的不动产等。激进型投资获利丰厚但风险大，稳健型投资风险小但获益相对较小，各有利弊，要慎重选择。

故事

猴子的福地

猴爷爷带着自己的子孙们住在群山之间的一块平地上。小猴子们听爷爷说，这里是猴子家族祖祖辈辈占据的地盘。虽然物产不丰富，但它是群猴四处觅食后栖息的地方，被大家视为宝地。

有一天，一只小猴子提议说：“我们把这块宝地开辟成乐园该多好，让所有的动物都来这里玩。然后我们再种上桃子，好不好？”这个提议得到了大家的一致赞同。

一只大猴子想了想，说："我们何不在这块宝地上再种上一些玉米、高粱、红薯之类的，那样一旦桃子收成不好，还有粮食做保障，我们就能在这儿无忧无虑地生活了！"

猴爷爷很认同大家周到的想法，带领大家说干就干。它们开辟乐园，栽果树，种庄稼。就这样，一代又一代过去了，猴子的地盘上处处都是庄稼、果树和笑声，成了各种小动物聚会、游玩的乐园，宝地变成了一块福地。

huò gōng shāng xiǎo kē yán pì xī jìng qiǎo shēng qián

或工商 小科研 辟蹊径 巧生钱

投资之外，我们还可以从事工商业经营，或者搞小科研进行发明创造，另辟蹊径，用巧妙的方法赚钱。

shàn guī huà　yòng bǎo xiǎn　shǎo shèng duō　fáng zāi huàn

善规划　用保险　少胜多　防灾患

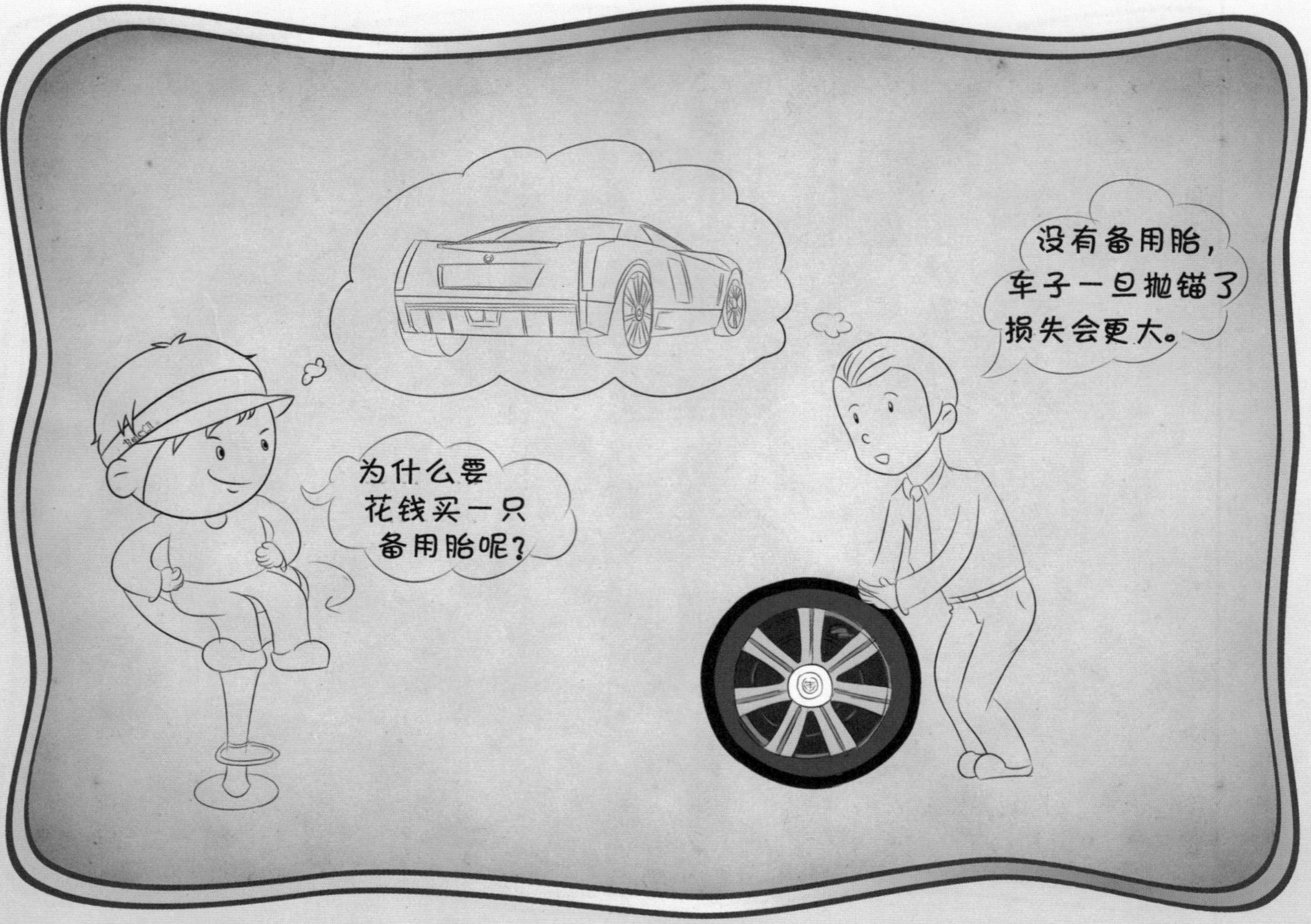

同时还要善于规划，可以考虑利用保险等理财工具，防止人身或财物的意外灾患。

噩梦与金子

从前有一个富翁非常有钱，他住的是皇宫一样的豪宅，天天锦衣玉食，家里的物品应有尽有。但他每天晚上都会做噩梦，总害怕某天他的财富会突然因为天灾人祸而消失，自己还会变成穷光蛋，过苦日子。

有一天早上，愁眉不展的富翁遇到了无忧无虑的土地公公。土地公公问他为何不开心，富翁就把自己的担心告诉了土地公公。土地公公听后微微一笑，说：“假如你每年给我一袋金币，我保证在你生病或遇到其他风险事故时给你五袋金币以应急；还能在你老的时候每个月给你半袋金币，你愿意吗？”

富翁听后感觉这事儿太划算了，马上回屋拿出一袋金币交给土地公公，希望可以解除自己的后顾之忧。与土地公公达成交易后，富翁晚上睡觉再也不做噩梦了，睡得很踏实，天天过得很开心。后来，富翁时常教育自己的子孙："财产虽然重要，但让财产安宁更重要！"

nián sān qiān　lì shí sān　sì shí nián　sān bǎi wàn

年三千　利十三　四十年　三百万

如果每年投资3000元钱，年投资回报率是13%，40年后，按复利计算就能拥有300万了。

yǒu ài xīn　lè shàn juān　xīn huái cí　fú shòu yán

有爱心　乐善捐　心怀慈　福寿延

shě néng dé　lǐ dāng rán　duō fēn xiǎng　táo lǐ huán

舍能得　理当然　多分享　桃李还

同时还要有爱心，学会乐善好施，时常捐助需要帮助的人。常怀仁慈扶弱之心，还可以延年益寿，常享富贵。要知道能舍才能得，这是理所当然的；要学会与别人分享，只有投之以桃报之以李，才能得到丰厚的回报。

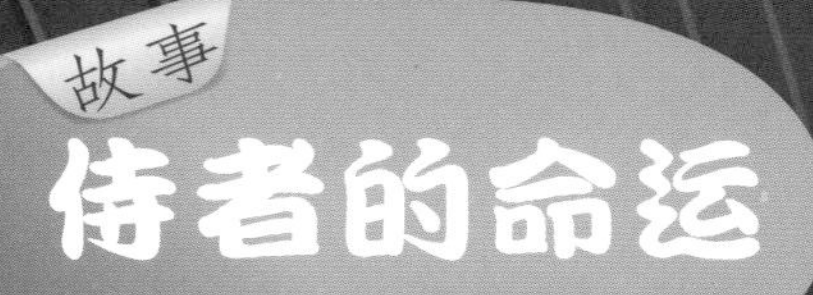

从前，有位在一家很普通的旅馆里默默无闻工作的侍者，曾接待过一对投宿无门的老夫妇。那晚旅馆已经客满了。他看着老夫妇一脸疲惫的神情，不忍心让他们露宿街头，就把他们领到一个很小的房间里说："只有这间小屋子了，别的我就真没有办法了。"老人见房间虽小但干净整洁，就愉快地住了下来。

第二天，老夫妇来找侍者结账。侍者却说：“不用结账，那是我的房间，让给您俩住是免费的，希望您的旅途平安、开心！”老夫妇这才发现这位年轻人脸上有些倦乏，好像一夜没睡，于是感动地对侍者说：“孩子，你的房间虽小但很舒适，你的工作虽微但精神可嘉，令人舒心难忘，你会得到报答的！”侍者并没感觉到什么，送走老人后又继续他的工作。

侍者没有想到的是，有一天
收到了一封改变他命运的信，信
聘请他去另一家酒店工作。他将
将疑，按信中的指示，乘飞机到
约定的工作地点，看到一座金碧
煌的大酒店，他惊呆了！

就职时，侍者才知道，聘请他来的正是几个月前那天晚上他接待的老人。老人专门买下这座酒店交给他经营，而且深信敬业而善良的侍者一定会成为优秀的酒店管理者。老人的预言没错，这位名不见经传的侍者，就是全球赫赫有名的希尔顿酒店的首任经理。

yì dī shuǐ　yì kū gān　róng dà hǎi　bì lián tiān

一滴水　易枯干　融大海　碧连天

一滴水很快就会干掉，如果把它融入大海里，就会碧波连天，永不干枯。

有计划 不散乱 写梦想 定实现

yǒu jì huà bù sǎn luàn xiě mèng xiǎng dìng shí xiàn

做任何事都要有计划，不能散乱。要把梦想写下来，想尽一切办法努力去实现。

yù cuò zhé　xiǎng zhōu quán　zhǎo jiè kǒu　zì qī piàn

遇挫折　想周全　找借口　自欺骗

bù jiāo zào　xǐ mó nàn　shì cuì huǒ　zhēn jīn liàn

不骄躁　喜磨难　视淬火　真金炼

遇到困难挫折，要考虑周全，寻找原因，勇敢地面对。找借口，企图蒙混过关，等于自己欺骗自己，无益于问题的解决。只有不骄不躁，用平常心面对磨难，想办法克服，才能把自己锻炼成闪闪发光的金子。

yǒu qián shí　shì wú qián　qiān shèn xíng　fù bú xuàn

有钱时　视无钱　谦慎行　富不炫

wú qián shí　xīn yǒu qián　cái qì zhù　bù quē qián

无钱时　心有钱　财器铸　不缺钱

有钱的时候，不要太执着于钱，要以没有钱的心态为人处世。始终谦虚谨慎行事，且不可炫富。没钱的时候，要怀有一颗富有的心，坚持不懈地把财器铸造好，将来一定会有所成就的。

从前有个叫张五的人好吃懒做，远走他乡多年一直穷困潦倒。有一年发生了百年不遇的水灾，张五从大水中捞出很多木头、衣服之类的东西，还捡了一个装有字画的皮箱子。他把这些东西卖了钱，自我感觉是有钱人了。因此过了腊月十五，他特地向朋友借了一匹高头大马，换了一身新衣服，买了一枚金戒指戴在手上，想回老家风风光光地过个年。

路过老家的集市，骑在马上的张五看着购买年货的乡亲，心里美滋滋的，希望遇到的熟人越多越好。甭管熟悉不熟悉，只要抬头看他的，他都抱着拳露出那枚金戒指，笑眯眯地跟人打招呼。有认识张五的老乡，先是惊愕，后是啧啧称叹。就这样在集市上整整逛了一天，直到车少人稀的时候他才意犹未尽地离开。

从集市到张五老家的村庄还要翻过一道松树岭，没成想在这里张五遇到了一伙持刀抢劫的强盗。强盗抢走了张五借来的高头大马和没戴几天的金戒指。最令他伤心的是，这帮强盗从他身上再也没有翻出其他值钱东西时竟骂他“穷显摆”！有个强盗见没有更多油水可捞还想杀了他，张五吓得抱头逃跑。

在松树岭里狂奔了不知道多久，张五精疲力竭，眼前一黑昏倒在地。等张五苏醒过来时，他听到不远处传来一阵阵二胡声，还伴着大人小孩的歌声。他有些诧异，这山里怎么会有这动静？响声处还有篝火隐隐约约地闪烁着。

张五走近一看，原来是一家人在山洞前拉二胡唱歌。这家人他认识，是在村子里开油坊的周大顺一家。张五问他们怎么住在山洞里，周大顺边拉二胡边说："家里遭火灾了，油坊烧得一干二净，只好住在山洞里了。"张五诧异地问："啥都烧没了还拉什么二胡，唱什么歌？"

周大顺哈哈笑道："我们老周家的财富大火烧不掉、强盗盗不走，要过年了不唱歌干啥！"张五问："那你家的财富在哪？"周大顺扬起手拍拍胸脯说："老周家的财富就在咱的手艺、勤奋和良心上！油坊没了没关系，明年一开春，我们老周家的新油坊照样开张！"

张五听完，觉得自己这次回家过年真稀奇：有钱了不能显，没钱了还说有钱……可自己到哪去弄钱赔人家的马呢？

bú dù fù　zhī yīn yuán　bù jī pín　jìng ài lián

不妒富　知因缘　不讥贫　敬爱怜

pín yǒu cháng　fù yǒu duǎn　xiāng bāng fú　hù chéng quán

贫有长　富有短　相帮扶　互成全

不要忌妒富有的人，要知道富裕一定是有原因的；也不要讥讽贫穷的人，对他们应怀有敬爱怜悯之心。贫穷的人也有他的长处，富有的人也有他的短处，要相互帮扶、相互成全，这样大家才能都得到好处，社会才能更和谐。

cái rú yī shēn wài chuān xīn zhōng fù bú pò chǎn
财如衣 身外穿 心中富 不破产

财富对于人来说就像穿在外面的衣服一样，都是身外之物，只要内心是富有的，就不会失败、破产。

qīn qíng guì　jiā píng ān　kuài lè xīn　jīn bú huàn

亲情贵　家平安　快乐心　金不换

亲情最珍贵，拥有平安幸福的家比什么都好，一颗天天快乐的心是用黄金也换不来的。

rén yǔ rén xīn shǒu qiān wǒ wèi nǐ shì jiè biàn
人与人 心手牵 我为你 世界变

人与人之间，要心与心、手与手相连。只想我为你做什么，不计较你为我做什么。这样想和做，你可能得到的会更多，世界也才不会有那么多矛盾，从而变得更加美好。

故事

天堂与地狱

有个人喜欢想象。他经常在想，天堂与地狱的差别究竟在哪里呢？为什么天堂那么美好，而地狱却让人生畏？上帝看到这个人苦思冥想，便把他带到了一个地方。这里的人都瘦骨嶙峋的，看起来非常可怜、痛苦。

他看到这个地方的人都用一个特制的勺子喝粥。勺子的手柄很长、头很小，大家用这把勺子给自己盛粥，可勺子根本靠不近自己的嘴，粥都洒在了地上。直到桶里所有的粥都被盛完，也没有人能喝到一口。于是，大家相互抱怨、憎恨，甚至厮打起来。上帝告诉这个人，这就是地狱。

上帝又把这个人带到另一个地方。他发现这里的人一个个都胖乎乎的，满面红光，大家欢声笑语，相处融洽。他感到很奇怪，于是问上帝：“我知道这一定是天堂。不过我不明白，天堂的人都吃什么呀？”

上帝说："他们用的是同样的勺子，吃的是同样的粥，唯一不同的是他们把粥盛出来后都是喂给别人的。这样你喂我，我喂你，结果大家都吃到了粥。"这个人听了，终于明白，天堂和地狱就在人的心念之间。只想着为自己就是地狱，能想着为别人就是天堂。

cái qǐ méng jià yù qián lì bì hài chéng zhǎng bàn

财启蒙 驾驭钱 利避害 成长伴

以上这些都是关于财富的智慧启蒙，只要领悟和运用它们，就能驾驭金钱，趋利避害，使自己健康、幸福地成长。

shàn wén huà zhù jīn qián zhēn fù guì dài dài chuán

善文化 铸金钱 真富贵 代代传

只有用善良、道德、文明和智慧挣得的金钱，才是真正的富贵，才可以代代相传。

故事

水里的秘密

山脚下坐落着一个村庄，村中央有一口井，井水纯净甘甜，村民们世世代代都依靠它来生活。村民每天日出而作、日落而息，过着非常平静的生活。

然而不知从何时开始，许多村民开始得一种怪病，身体越来越虚弱，情绪也好像不受控制了，莫名其妙地争吵、打斗，人们四处求医问药也不见好转。村民往昔平静的生活消失了，村里的树枯萎了，土地也渐渐荒芜了。

后来，人们从省城请来许多专家，他们经过实地调查发现，原来是村民们平常随意排放污水，乱丢垃圾，尤其是经常清洗农药器具污染了地下水源所致。影响村民身心健康的秘密被揭开了。

专家立即安排专业施工队一边在水井边建起一个水质净化站，一边为各家各户铺设了污水排放管道；同时，还大力宣传保护水源，让污染远离水源的环保理念。不久，这里的百姓渐渐恢复了健康，人们重新过上了健康、幸福的生活。

钱，也像水一样，在我们的生活里流通，我们更应该保护它不被污染。

故事征集总动员

（第一期）

感谢您购买《少儿财智启蒙：财智三字经》一书！我们在与读者分享理财智慧的同时，也为广大少年儿童搭建了一个故事创作的平台，为此特组织本次故事征集活动。

一、征集主题

1.与本书三字经内容相关的故事。

2.古今中外关于财富管理的故事。

二、作品要求

1.内容积极健康，文笔流畅，文字优美。

2.字数在300—1500字之间。

3.可以是原创故事，也可以是选编或改编的故事，选编或改编的故事必须标明出处。

三、投稿方式

故事可通过电子邮件或者邮递投稿。

电子邮件投稿，请在邮件主题栏注明“故事征集”字样，文尾注明作者姓名、联系方式。投稿电子信箱：zhbj@esph.com.cn。

邮递投稿，请在信封右上角注明“故事征集”字样，文尾注明作者姓名、联系方式。投稿地址：北京市朝阳区安慧北里安园甲9号教育科学出版社，邮编：100101。征文活动咨询电话：（010）64981321，（010）67122117。

四、投稿起止日期

2013年8月3日至2014年6月1日。

五、评奖办法

本次活动将成立专家评审委员会，本着“公平、公正、公开”的原则对来稿进行评选，届时将评选出50篇富有创意和感召力的好故事，奖励作者“少儿分类理财专利存用钱工具”一套（此工具根据本书中的“铸财器”理论研发，含实体工具和网上少儿存用钱趣味引导系统，方便孩子日常理财，为孩子建立一生幸福、富足的“心理账户”）。

故事征集总动员，真诚期待您的参与！